AF253474

RAPPORT ANNUEL

SUR L'ÉTAT SANITAIRE

DES TRAVAILLEURS ET DES ÉTABLISSEMENTS

Du canal maritime de l'Isthme de Suez.

PAR LE DOCTEUR AUBERT-ROCHE

Médecin en chef de la Compagnie.

PARIS

IMPRIMERIE CENTRALE DES CHEMINS DE FER

DE NAPOLÉON CHAIX ET Cᵒ,

Rue Bergère, 20, près du boulevard Montmartre.

1864

RAPPORT ANNUEL

Sur l'état sanitaire des travailleurs et des établissements du canal maritime de l'isthme de Suez,

PAR LE DOCTEUR AUBERT-ROCHE,
Médecin en chef de la Compagnie.

A M. de Lesseps, président-fondateur de la Compagnie universelle du canal maritime de l'isthme de Suez.

1863-1864.

Alexandrie, 1ᵉʳ juillet 1864.

Monsieur le Président,

La salubrité de l'isthme de Suez est aujourd'hui un fait incontestable; il n'y a plus à en fournir la preuve, mais seulement à relater les faits qui viennent corroborer cette vérité. Il n'y a plus à discuter sur la salubrité du sol et du climat en présence des travaux effectués, des terres remuées dans des localités sèches ou humides, en présence d'une population permanente de vingt-quatre à vingt-cinq mille personnes occupées les unes aux terrassements, les autres dans les chantiers et les ateliers. L'expérience dure depuis bientôt cinq années, et l'expérience dit que parmi les Européens la mortalité est moindre qu'en France, que parmi les Egyptiens souvent elle n'atteint pas le quart de la mortalité des villes d'Alexandrie et du Caire.

Les travaux de l'isthme entrent cette année dans une phase nouvelle. La Compagnie renonce au travail par les contingents égyptiens, les remplaçant par des machines et des ouvriers libres. Depuis le 1er juin 1864 il n'y a plus de contingents sur les chantiers ; cette détermination, au point de vue de la santé, n'aura probablement aucune influence. Déjà cette année il y avait plus de deux mille Européens, Grecs, Maltais et Italiens travaillant comme les Arabes aux remblais de Port-Saïd, aux différentes carrières et aux terrassements. Non-seulement la santé générale n'a pas été atteinte, mais le chiffre de la mortalité est moindre que celui de l'année dernière.

Ce qui vient de se passer dans l'isthme permet d'en affirmer plus hautement encore la salubrité. Nous avons eu cependant à lutter contre des influences climatologiques exceptionnelles, contre les résultats d'une épizootie, contre une épidémie générale de typhus, et contre des fatigues qui tendaient à augmenter la mortalité des travailleurs. Malgré ces fâcheuses circonstances, la santé de l'isthme s'est maintenue.

Voici les faits principaux relatifs à la santé qui ont eu lieu du 1er juin 1863 au 1er juin 1864.

ÉTAT SANITAIRE DES ÉTABLISSEMENTS.

Canal d'eau douce. — Ce travail a été le plus important de l'année.

Le canal d'eau douce s'embranche à Néfiche sur le canal d'Ismaïlia ; sa longueur, de Néfiche à Suez, est de 89 kilomètres sur une largeur de 12 mètres à la ligne d'eau, et de 1^m,50 à 2 mètres de profondeur. Jamais, ni du temps des Pharaons, ni du temps des Ptolémées ou des califes, l'eau du Nil n'avait été amenée jusqu'à Suez. Le canal des Pharaons ou de Nécos se jetait dans les lacs Amers, qu communiquaient avec la mer Rouge par un c ana d'eau salée assez bien conservé pour que nous ayons pu en employer quelques kilomètres.

Les terrains qu'il a fallu traverser sont sablonneux et argileux ; on a rencontré quelques bancs de pierre. Le travail entier a duré de novembre 1862 à décembre 1863 ; 93,187 hommes ont été successivement employés à remuer un cube de terre de 3,300,085 mètres.

Dans mon rapport de l'année dernière, j'ai rendu compte des travaux effectués, jusqu'au mois de juin 1863, sur le canal d'eau douce, et de la santé florissante des travailleurs. De juin en décembre, 55,231 Arabes ont été employés : la mortalité a été de 60, proportion 1.30 pour cent (1) ; la moyenne des Européens dirigeant et participant à ces travaux a été de 49, la mortalité a été nulle.

En octobre et novembre, le chiffre des malades et des morts a été beaucoup plus élevé que dans les autres mois ; ce fait est dû à l'abaissement de la température qui, cette année, a été exceptionnelle, et a commencé deux mois plus tôt que d'habitude.

---

(1) Les contingents arabes se renouvelant chaque mois, pour établir les proportions de la mortalité, nous avons dû les ramener à l'état de population permanente en divisant le chiffre total par 12. Ainsi le chiffre de 55,231 a été divisé par 12, ce qui donne une population permanente de 4,603 ; partageant sur cette population le chiffre de la mortalité, 60, on trouve que la proportion est de 1.30 pour cent.

Les précautions prises, et surtout de larges distributions de bois, ramenèrent bien vite la santé à son état normal.

Nous pouvons affirmer que pendant les travaux du canal d'eau douce, malgré les fatigues, les variations de température et même les privations, la santé s'est maintenue bonne. Tout le personnel couchait sous la tente.

Les efforts qui ont été faits par les employés de la Compagnie pendant les trois derniers mois de l'année ont été remarquables. En novembre, la ligne des travaux occupait 30 kilomètres environ. Chacun avait compris qu'il participait à l'accomplissement d'un grand résultat; chacun était plein de zèle et semblait se multiplier; on marchait vers un but : l'eau du Nil à Suez. Tandis que l'on niait en Europe la possibilité d'un tel travail, les enfants de la France jetaient dans les flots azurés de la mer Rouge les eaux jaunissantes du Nil.

Le service de santé dans cette circonstance a payé son tribu. Un aide-médecin arabe a succombé; le docteur Salemi, chef de service, a failli être emporté par deux accès pernicieux, suite de fatigues et d'insolation.

Sous le rapport de la santé dans l'isthme, l'abondance de l'eau douce a déjà produit d'excellents résultats. La présence de l'eau du Nil à Suez a eu même une action sur la santé générale en Égypte. Ainsi, lors du pèlerinage de la Mecque, 25,000 pèlerins ont pu évacuer le Caire, où le typhus existait, et venir séjourner à Suez, en attendant le départ des bateaux et des caravanes, échappant ainsi à la maladie qui régnait au Caire, et dont ils ne pouvaient qu'augmenter les causes. Cette mesure de santé publique n'aurait pu être prise si notre canal d'eau douce n'avait existé. Comment donner à boire à cette multitude? Les années précédentes, l'autorité avait bien soin de ne laisser arriver à Suez qu'un certain nombre de pèlerins en rapport avec l'eau, et encore le prix de l'eau décuplant, souvent des rixes mortelles s'engageaient. Cette année, au contraire , il y avait de l'eau à volonté ; le Caire a pu être évacué à la grande joie des habitants, des autorités, et dans l'intérêt de la santé générale.

Suez, Chalouf. — Le canal d'eau douce terminé, les travailleurs ont été de suite installés sur le canal maritime à Chalouf, à 15 kilomètres de Suez. Le travail a été entrepris dans toute sa largeur. Les terrains ici sont loin de ressembler à ceux des seuils d'El-Guisr et du Sérapéum, l'argile domine, le sable n'est qu'à la surface. Près de Suez il est resté, dans les mois de janvier et février, environ 500 hommes des contingents occupés au déversoir du canal d'eau douce dans la mer Rouge, et à creuser l'embranchement du canal qui arrive jusqu'au chemin de fer.

Nos observations ne portent que sur les travailleurs occupés au canal maritime et au canal d'eau -douce. Quant aux Européens employés de la Compagnie et qui résident dans la ville de Suez, comme ils participent à tous les inconvénients de la ville arabe et qu'ils sont placés sous l'influence des causes d'insalubrité que l'on y rencontre, il serait trop difficile de distinguer en fait de santé ce qui appartient aux travaux du canal proprement dit ou à la localité.

Le service de santé a été concentré à Chalouf; toutefois , nous avons établi à Suez un hôpital de

6 lits, afin de recevoir les Européens employés aux travaux et dont les maladies seraient assez graves pour ne pouvoir être traitées sur les lieux ; on y amène encore aujourd'hui les malades de Chalouf.

D'octobre en juin, les contingents destinés au canal d'eau douce, ou au canal maritime, étaient transportés du Caire à Suez par le chemin de fer ; près du débarcadère existait une ambulance afin de recevoir les malades de ces contingents, soit à leur arrivée, soit au retour. Depuis le mois de juin, les contingents ayant été licenciés, l'ambulance a été supprimée.

L'état de la santé à Chalouf mérite une attention toute particulière. Le chiffre des contingents employés a été :

En janvier	10,907	malades	407	morts	24
» février	11,420	»	237	»	45
» mars	10,563	»	315	»	41
» avril	6,022	»	321	»	38
» mai	8,868	»	200	»	26
Total	47,780	»	1,490	»	174

Mortalité : 4.36 pour 0/0.

Le chiffre des Européens, employés ou ouvriers, a été de 94 en moyenne ; 4 sont morts.

Cette mortalité a été tout exceptionnelle ; en voici les causes : jamais les contingents ne s'étaient trouvés placés dans des conditions aussi fâcheuses. Cette année, les pluies furent très-fréquentes, le froid des plus vifs : il a gelé. Malgré toutes les précautions et les efforts de chacun pour abriter et chauffer une population de 10 à 11,000 hommes, on n'arrivait souvent au résultat que difficilement ; de mémoire d'homme il n'avait fait à Suez un temps semblable.

Une autre cause qui a surtout augmenté le chiffre des maladies, non-seulement chez les Arabes, mais encore chez les Européens, c'est le typhus, apporté par les contingents de l'intérieur de l'Égypte où régnait cette maladie, et qui a frappé un grand nombre de nos travailleurs. Si donc le chiffre des malades s'est trouvé plus élevé à Chalouf que sur le canal d'eau douce et dans les autres parties de l'isthme, il ne doit être attribué qu'aux causes accidentelles que nous venons de signaler.

Toussoum, El-Guisr, Ismaïlia. — Nous réunissons ces trois circonscriptions qui, par leur situation dans le centre de l'isthme et entourant le lac Timsah, participent aux mêmes conditions de climat et d'alimentation. C'est le même sol, la même nature de terrain; aussi ce qui a lieu dans une circonscription a lieu dans les autres; les maladies et la mortalité sont les mêmes.

La circonscription de Toussoum a été le point où, pendant la chaleur, les travaux ont été les plus actifs; le canal maritime a été creusé dans toute sa largeur sur 2 kilomètres de longueur et jusqu'à 2 mètres de profondeur au-dessous du niveau de la mer; la tranchée sur certains points a plus de 16 mètres de hauteur : tous les terrains sont sablonneux; en outre, une population composée principalement de Grecs exploitait la carrière du plateau des Hyènes situé sur le lac Timsah. C'est un travail rude et fatigant, surtout pendant l'été. Voici quel a été le résultat des travaux au point de vue de la santé :

Contingents employés, 33,000 hommes; mortalité, 37 ; proportion, 1.30 0/0.

Européens, 167 en moyenne; mortalité nulle.

Ainsi chez les Européens pas un mort; chez les Arabes la mortalité est plus élevée, 1.30 0/0. Ce chiffre est dû à la mortalité de juin et juillet qui s'est manifestée dans les contingents de Keneh-Esneh, contingents de la haute Égypte auxquels nous avons immédiatement renoncé dès que nous avons connu les conditions dans lesquelles ils se trouvaient en arrivant dans l'isthme.

La circonscription du seuil d'El-Guisr a été réorganisée au mois de juillet 1863; nous avions pensé pouvoir faire le service d'El-Guisr, conjointement avec celui d'Ismaïlia, mais l'éloignement nous a bientôt forcé à changer d'avis, l'entrepreneur qui a soumissionné le travail d'El-Guisr étant venu s'y installer. Au mois de décembre le service de Toussoum a été réuni à celui d'El-Guisr, et les malades du plateau des Hyènes transportés à cet hôpital.

Nous n'avons rien à dire sur l'état sanitaire d'El-Guisr, nous en avons souvent parlé, et les travaux déjà exécutés nous ont appris que ce point élevé de l'isthme était l'un des plus salubres du désert; rien n'est changé, les maladies et la mortalité sont restées les mêmes.

La population moyenne du Seüil a été pour les travailleurs européens de 340 environ, la mortalité de 6 dans l'année, soit 1.78 0/0; les contingents arabes ont fourni 3,500 hommes, et la mortalité a été nulle.

La circonscription d'Ismaïlia a été installée au mois de mars 1863. Divers travaux ont été effectués, le canal d'eau douce a été prolongé ainsi que le canal maritime, un canal de ceinture a été creusé, des remblais, des constructions de toutes natures ont été faits; 19 à 20,000 hommes des contingents ont été employés à ces divers travaux. Le personnel des Européens, travailleurs et employés, s'est élevé à 750 personnes environ. Quant au personnel arabe volontaire, domestiques, marchands, ouvriers et autres, il a été difficile d'en connaître le chiffre exact; le chiffre moyen serait de 1,600. Au 1er mai de cette année 1864, un recensement particulier a donné, pour Ismaïlia, hommes, femmes et enfants compris, une population de 885 Européens, et de 1,720 Arabes. Total 2,,605.

La mortalité des Européens a été de 17, soit 2.40 0/0; chez les Arabes des contingents la proportion est de 0.48; chez les Arabes sédentaires elle est de 2.62 0/0. Nous ferons remarquer en ce qui concerne les Arabes sédentaires, que l'on connaît fort mal ce qui se passe chez eux, et que l'on ne sait souvent d'où viennent les malades et les morts; quant aux Européens, la mortalité est pour eux la même qu'en France, et si le chiffre d'Ismaïlia se trouve plus élevé que celui de l'année dernière, c'est qu'Ismaïlia est le centre administratif des travaux, la ville du désert, ce qui produit une certaine attraction; bien souvent des travailleurs des chantiers voisins viennent se faire traiter à l'hôpital d'Ismaïlia.

Aussi, pour bien apprécier la salubrité de l'intérieur du désert par rapport aux Européens, et ne pas faire porter la mortalité d'une circonscription sur l'autre, nous réunissons les trois circonscriptions :

Localités.	*Population permanente.*	*Morts.*
Toussoum,	167	0
El-Guisr,	340	6
Ismaïlia,	750	17
Total,	1,257	23

Proportion de la mortalité : 1.82 0/0.

Ce que nous constatons d'après ces chiffres, c'est que dans l'intérieur de l'isthme la santé des Européens s'est maintenue excellente, meilleure qu'en France ; que la mortalité n'a été que de 1.82 0/0 , encore ce chiffre est-il dû aux influences épidémiques qui se sont fait sentir dans l'isthme, à une alimentation difficile, par suite de l'épizootie.

Si pour les Arabes des contingents on réunissait les chiffres des trois circonscriptions, on constaterait que les contingents ont pu éviter une partie des causes accidentelles qui sont venues frapper les travailleurs de Chalouf ; ainsi à Chalouf la mortalité a été de 4.36 0/0 ; ici, sur le plateau de l'isthme, de 0.97 0/0.

Kantara. — Cette circonscription forme à elle seule un groupe particulier, moitié sec moitié humide, moitié désert, moitié lac. Sa salubrité ne s'est pas démentie, et cependant les travaux qui ont été effectués ont eu lieu en partie dans des terrains humides. Ce ne sont pa s seulement des contingents arabes qui ont été employés, mais des travailleurs européens, des Grecs.

La moyenne de la population permanente européenne a été de 348, la mortalité a été de 2, soit 0.57 0/0. Le chiffre des contingents employés a été de 24,267, la mortalité a été de 10 dans l'année, soit 0.49 0/0.

Ce résultat doit être attribué à plusieurs causes. Kantara est situé sur la grande route de Syrie en Egypte ; c'est un point où stationnent les caravanes, et qui va devenir encore plus important, [par suite de l'arrivée de l'eau douce et la construction d'un abreuvoir pour les bestiaux. A Kantara il est plus facile qu'à Ismaïlia de se procurer de la viande de bonne qualité, du poisson, etc. Le climat est aussi plus régulier, on se rapproche de la Méditerranée; de plus, on trouve dans les environs du bois de chauffage. Les maisons sont en briques. Ces conditions ont dû influer sur la santé des Européens, et surtout des Grecs, qui vivent très-sobrement, mangent beaucoup de poisson lorsqu'ils peuvent s'en procurer gratis, et ce sont d'excellents pêcheurs. Quant aux Arabes, leur bonne santé est due à ce qu'ils venaient directement et sans fatigue de leurs villages aux travaux. Les contingents étaient fournis par la province de Mansourah, voisine du canal maritime. Le climat a eu sur eux peu d'action; ils avaient du bois en abondance. Ce qui manquait à Kantara, c'était l'eau du Nil; aujourd'hui la conduite en donne à profusion.

La salubrité de Kantara avait déjà fixé notre attention; c'est une des circonscriptions où il y a toujours le moins de maladies. Cette année, le typhus et la petite vérole qui régnaient épidémiquement en Egypte y ont fait leur apparition; chez les Arabes il y a eu 10 cas de typhus, dont 4 morts, et 8 cas de petite vérole, dont 1 mort; chez les Européens, il n'y a eu qu'un cas de typhus, mais rapidement mortel. Ces maladies se sont éteintes naturellement, sauf quelques précautions sanitaires, comme si la localité n'était pas favorable à leur développement.

Les ouvriers grecs ont été à Kantara le sujet de diverses observations au point de vue de leur emploi et de la santé. On en a occupé jusqu'à 800 sur un même chantier; ils travaillent à la tâche comme les Arabes et dans les mêmes conditions, presque sans abri, et ils travaillent bien; ils vivent de pain, fromage, poisson frais ou salé, boivent du café, de l'eau, pas de vin, et mangent rarement de la viande. Leur santé est excellente quand cette alimentation est en quantité suffisante, mais ils sont trop économes. Le docteur Bourboukaki, médecin de cette circonscription, attribue la bonne santé de ses compatriotes à ce régime; il pense que s'ils buvaient du vin et mangeaient de la viande comme les Français ou les Italiens, ils ne pourraient pas aussi bien supporter l'influence du climat sur les travaux; et, en effet, leur genre de vie se rapproche beaucoup de celui des Arabes, seulement il faut que l'alimentation soit plus abondante. Le docteur pense qu'il serait très-facile de faire venir de la Grèce et des îles de l'Archipel 15 à 20,000 hommes.

En résumé, dans l'année qui vient de s'écouler Kantara a maintenu sa réputation de salubrité, malgré les influences climatologiques, la pluie, le froid et l'humidité, malgré la mauvaise alimentation due à la cherté des vivres, malgré les influences épidémiques du typhus et de la petite vérole. La santé a été meilleure à Kantara que partout ailleurs dans l'isthme, même qu'à Port-Saïd.

Port-Saïd. — Les travaux qui ont été exécutés cette année consistent en dragages, remblais et consolidation des berges. Les ateliers se sont largement développés; la maison Gouin, les Forges et Chantiers construisent des dragues à Port-Saïd. Les entrepreneurs Couvreux, Aiton, Dussaud et Lasseron ont leurs chantiers et leur dépôt de matériel. La marine a pris une grande extension; quantité de bâtiments à voiles et de grands vapeurs apportent à la colonie tous les matériaux nécessaires. On décharge, on forge, on creuse, on construit.

Port-Saïd est devenue une ville industrielle; la population travailleuse est de 1,785 Européens et de 2,500 Arabes, total, 4,285 ; la population générale, hommes, femmes et enfants, est de 2,030 Européens et 3,000 Arabes; total, 5,030.

Quelle a été l'influence des différents travaux sur la santé des travailleurs ? Voici ce que répondent les tables de mortalité : Européens, 15 morts, soit 0.84 0/0; Arabes, 23 morts, soit 1 0/0. Existe-t-il un pays où la santé des travailleurs soit moins exposée?

L'année dernière, je disais : lorsque Port-Saïd aura de l'eau en abondance et que les remblais seront terminés, cette ville sera bien certainement l'une des plus salubres de la Méditerranée. Cette année la ville a été remblayée en partie, une digue a été faite pour la garantir des eaux du lac pendant la crue et les gros temps, l'eau du Nil est arrivée jaillissante au milieu des rues.

L'effet du remblai a produit un résultat immédiat, l'humidité du sol étant moindre n'a plus envahi les maisons; les affections rhumatismales, les bronchites, les ophthalmies ont disparu ou diminué d'intensité; il s'est même passé à ce sujet un fait assez remarquable: le remblai du côté du lac est placé en avant des maisons formant la rue; elles se trouvent donc encore dans les mêmes conditions d'insalubrité que celles qui ont suscité tant de réclamations dans tout ce quartier; là, l'état sanitaire n'a pas changé; les affections rhumatismales , les bronchites et les ophthalmies sont restées aussi fréquentes et aussi intenses que l'année dernière.

La cause principale des maladies à Port-Saïd et surtout des maladies du tube digestif, était l'eau ; on

buvait tantôt de l'eau distillée, tantôt l'eau crou-
pissante du Nil que l'on allait puiser dans la branche
tanitique (le canal de Moïse) ; on n'avait de bonne
eau que pendant la crue du Nil, et encore venait-
elle souillée dans les citernes; de plus elle était loin
d'être abondante. La mauvaise qualité de l'eau avait
aussi une autre conséquence, c'est qu'elle portait à
l'abus du vin et de l'alcool, abus fatal sous le ciel
de l'Egypte, surtout pendant l'été. Aussi le docteur
Zarb, médecin de Port-Saïd, m'écrit-il dans un rapport : « Ce fut une véritable joie quand on sut qu'un
long tuyau de fer se prolongeait peu à peu d'Ismaïlia à Kantara et de Kantara à Raz-el-Ech. Une
fois l'eau à Raz-el-Ech, elle était chez nous, et nous
étions sauvés. Le 10 avril 1863, l'arrivée de l'eau
douce à Port-Saïd a été inaugurée; chacun était
content et regardait avec amour les flots qui cou-
laient des fontaines et les gerbes gracieuses qui lan-
çaient en l'air leurs innombrables perles liquides,
vaguement colorées par les rayons étonnés du soleil:
chacun espérait n'avoir plus jamais soif, avoir toujours du linge blanc et une rose à la boutonnière.
Il faut avoir vécu pendant cinq années avec de l'eau
plus ou moins potable, souvent à la ration, pour
bien comprendre cette poésie de l'eau douce. Que
l'on interroge ce vieux cheik de Suez qui, à l'arrivée
de l'eau à Suez, embrassait les mains de l'ingénieur,
M. Cazaux; que l'on interroge les Arabes qui, d'Ismaïlia à Port-Saïd, sur une longueur de 79 kilomètres,
trouvent à chaque pas des réservoirs remplis d'eau;
le premier vous répondra que nous sommes les enfants de Dieu; les autres, étonnés, vous regarderont
comme des enchanteurs, quelques-uns comme des
diables; tous vous seront reconnaissants. C'est que

l'eau, c'est la vie, c'est la salubrité, c'est la santé. »

Aujourd'hui l'eau du Nil coule à Port-Saïd par des tubes en fonte placés sur la berge du canal maritime ; elle est distribuée dans la ville par cinq bornes-fontaines. Tout ce travail, machine hydraulique à Ismaïlia, grand réservoir au seuil d'El-Guisr, conduite jusqu'à Port-Saïd, est dû à l'entrepreneur, M. Lasseron.

Malgré l'abondance des pluies, malgré la cherté des vivres et l'épizootie qui a influé sur l'alimentation, malgré les influences épidémiques dont elle a reçu quelque atteinte, la santé s'est améliorée, la mortalité a été de 0.84 au lieu de 1.40 comme l'année dernière. Outre la question des remblais, dont nous avons signalé l'importance, cet état ne serait-il pas dû aussi à des logements meilleurs, mieux tenus et mieux surveillés, surtout pour la population grecque, qui, ici, fournit le plus de malades et de morts ; à la propreté plus grande de la ville, plus facile à entretenir depuis que tout est remblayé; à ce que chacun commence à sentir l'importance des questions concernant la salubrité ?

Quoi qu'il en soit, Port-Saïd reste la ville la plus salubre de la Méditerranée.

DES MALADIES.

Les principales maladies qui frappent les Européens sont les affections du tube intestinal et du foie, les ophthalmies, les bronchites et les affections rhumatismales. Cette année nous avons eu en plus le typhus, des fièvres typhoïdes et plusieurs cas de petite vérole.

Les maladies peuvent se diviser comme il suit :

uin. — Dyssenteries, diarrhées, gastro-céphalites, insolations, ophthalmies.

    Causes. — Chaleur, alcool, alimentation difficile, manque d'aliments frais.

Juillet. — Diarrhées, hépatites, congestions cérébrales, insolations, ophthalmies.

    Causes. — Chaleur, fraîcheur de la nuit, eau stagnante, alcool.

Août. — Gastro-hépatites et gastro-céphalites, ophthalmies, affections gastriques, quelques dyssenteries.

    Causes. — Fraîcheur de la nuit, chaleur, alcool, alimentation difficile.

Septembre. — Dyssenteries, diarrhées, insolations, ophthalmies, affections rhumatismales, hépatites, dérangements gastriques.

    Causes. — Fraîcheur des nuits, chaleur, variation de température, alimentation difficile, alcool.

Octobre. — Dyssenteries, diarrhées, hépatites, quelques affections rhumatismales.

    Causes. — Variations de température, alimentation difficile, alcool.

Novembre. — Diarrhées, dyssenteries, bronchites, affections rhumatismales, ophthalmies.

    Causes. — Variation et abaissement de température, humidité, nourriture.

Décembre. — Diarrhées, dyssenteries, bronchites, affections rhumatismales.

    Causes. — Froid, humidité, fatigues, variation de température.

Janvier. — Bronchites, courbatures, ophthalmies, affections gastriques, rhumatismes.

   Causes. — Froid , humidité , alimentation
difficile.

Février. — Mêmes maladies, mêmes causes.

Mars. — Affections gastriques , gastro-hépatites ,
diarrhées, ophthalmies.

   Causes. — Variations athmosphériques ,
alimentation difficile.

Avril. — Mêmes maladies , quelques cas de dyssenterie ; mêmes causes.

Mai. — Affections gastriques, gastro-hépatites, dyssenteries.

   Causes. — Chaleur, mauvais régime , alimentation difficile.

De ce résumé annuel des maladies principales, il
ressort que les dyssenteries et les diarrhées se mon-
trent principalement en mai, juin, et reparaissent en
septembre, octobre, novembre et décembre; les affections du foie en mars, avril et mai, août, septembre et octobre ; les gastro-céphalites et les cas
d'insolation en juin, juillet, août et septembre ; les
bronchites en novembre, décembre, janvier et février ;
les affections rhumatismales en janvier, février, septembre, octobre, novembre et décembre ; quant aux
ophthalmies, elles règnent toute l'année ainsi que les
affections gastriques.

Les causes qui coïncident avec ces diverses affections et qui peuvent être considérées comme causes
prédisposantes ou déterminantes, sont : pour les dyssenteries et les diarrhées, le mauvais régime et la va-
riation de température, son abaissement et le froid
des nuits ; pour les affections du foie, l'élévation de
la température, la chaleur, une alimentation exci-
tante, l'alcool ; pour les gastro-céphalites et les insolations, la chaleur et le soleil ; pour les bronchites

et les affections rhumatismales, le froid, l'humidité
et les changements de température pendant l'hiver.
Les causes principales des ophthalmies sont : la mauvaise alimentation, le refroidissement de la nuit lorsqu'on dort la tête découverte, et le rayonnement de
la lumière. Les affections gastriques n'ont d'autres
causes que la mauvaise alimentation et les excès.

Telles sont les maladies principales qui se mon-
trent dans l'isthme et qui ont sévi avec plus ou
moins d'intensité sur les Européens. Quant aux
Arabes, les mêmes maladies existent parmi eux ; de
plus ils subissent l'influence de l'hiver, le froid, la pluie,
l'humidité qui, en Egypte, sont pour eux, relative-
ment, ce qu'ils sont pour nous en Europe; aussi ont-
ils souffert de l'hiver exceptionnel que nous venons
de traverser. C'est aussi sur eux que les influences
épidémiques et les conséquences de l'épizootie ont
agi avec le plus d'intensité.

CAUSES EXCEPTIONNELLES DE L'ÉTAT SANITAIRE.

Nous avons énuméré les causes principales et or-
dinaires qui influent sur la santé des travailleurs
dans l'isthme. Cette année nous avons eu à lutter
contre des causes exceptionnelles qui n'ont pas
encore disparu. Leur action a été bien marquée sur
l'état sanitaire en général, sur le nombre, la marche et le traitement des maladies.

Climat. — L'influence du climat sur la santé des
Européens est un fait hors de doute. Les phénomènes
météorologiques ont sur eux une action bien sensible. Si le soleil et la chaleur du jour déterminent
des insolations et jusqu'à des céphalites, l'humidité,
les variations de température et son abaissement

pendant les nuits d'été peuvent être la source principale d'une foule de maladies. Il est si agréable,
pendant ou après la chaleur du jour, de s'endormir
dans un courant d'air, avec les fenêtres ouvertes, ou
bien sans être couvert! Mais malheur à l'impru-
dent : la température baissera, surtout pendant la
nuit, et il se réveillera atteint d'une ophthalmie ou
d'une diarrhée, heureux s'il échappe à la dyssenterie.

Les Européens sont très-sensibles au froid; nous
en avons éprouvé les effets cet hiver; à 5 ou 6 degrés
au-dessus de zéro j'ai ressenti, dans les plaines de
Suez, une impression aussi vive qu'en France à 8
ou 10 degrés au-dessous de zéro; il me semblait que
tout mon calorique se perdait; j'ai dû descendre
de cheval et courir. Cette année, presque tous
les Européens ont été atteints de bronchites assez
rebelles, mais peu intenses.

Si le froid produit sur nous de tels effets, on peut
penser quelle action il dut produire sur nos travailleurs arabes, malgré les distributions de bois et les
abris que l'on avait disposés afin de les garantir
non-seulement contre le froid, mais aussi contre la
pluie

Dans mes différents rapports j'ai signalé l'abaissement sensible de température pendant les mois de
janvier et de février; l'année dernière je citais
tomme un fait inouï que l'eau avait été légèrement
glacée sur le plateau du Gebel-Mariam. Cette année
le fait s'est renouvelé plusieurs fois; le thermomètre
est descendu à 2 et 3 degrés au-dessous de zéro; à
Chalouf, l'eau a gelé dans les gargoulettes; à Kantara, il a neigé.

Généralement il tombe chaque année, de janvier

en mars, quelques ondées; on n'appelle pas cela de
la pluie. Vers Suez le fait a eu lieu trois ou quatre
fois; au centre de l'isthme sept ou huit fois; à Kantara les ondées sont plus fréquentes. Cette année ce
ne sont pas des ondées seulement qui sont tombées,
mais de la pluie presque continue pendant un, deux
et trois jours. Nous avons eu de magnifiques
orages.

Le froid et la pluie ont commencé dès le mois de
novembre et n'ont cessé qu'en mai. Une autre re-
marque a été faite, c'est la persistance des vents du
sud, sud-ouest et est; vents violents au désert;
ceux du sud, surtout, froids en hiver, chauds en été
(appelés kamsim), soulèvent des tourbillons de pous-
sière. Ces vents ont persisté même en juin.

Ces phénomènes météorologiques ont eu lieu dans
toute l'Égypte; de mémoire d'homme on n'avait vu
un hiver aussi froid et aussi pluvieux; le climat de
l'isthme semblait avoir changé.

En Égypte, le froid a de graves conséquences.
L'Européen en est quitte pour une bronchite, mais
chez le fellah, il engendre des pneumonies, des
pleurésies, et de plus, lorsqu'il est fatigué, la dyssenterie. Nous avons plusieurs fois constaté ce fait.
A Chalouf, la mortalité a été causée non-seulement
par le typhus, mais encore par la dyssenterie.

Au point de vue de la santé dans l'isthme, l'état
météorologique de cette année doit être pris en
grande considération, surtout pour les Arabes.

Les observations météorologiques ci-jointes donne-
ront un aperçu de l'état de l'atmosphère à Port-Saïd
et à Ismaïlia.

Épizootie. — Depuis plus d'un an règne en Égypte,
sur la race bovine, une épizootie qui a enlevé au

moins 600,000 têtes de bétail. Cette épizootie était dans toute son intensité lors de la crue du Nil; les cadavres d'animaux morts, au lieu d'être enterrés, furent jetés dans le fleuve. On pensait qu'ils seraient entraînés vers la mer, ce qui a eu lieu pour la plus grande partie; seulement beaucoup s'arrêtaient en route, les uns sur les bords du fleuve, là où il existe des remous; les autres entraient dans les canaux, où ils subissaient une espèce de macération. J'ai vu les bords du Nil couverts de ces cadavres; j'ai vu flotter sur les canaux ces masses en putréfaction, et leur fond tapissés d'ossements à la baisse des eaux. Sur le canal du Ouady, M. Guichard, chef du service agricole, a fait enterrer des centaines de cadavres d'animaux qui arrivaient par le Cherkaouié; le médecin de la Compagnie exerçait la surveillance la plus active, car c'est par ce canal que s'alimentent les canaux du Ouady, d'Ismaïlia et de Suez.

La surveillance n'a pas eu seulement à s'exercer sur le canal d'eau douce, afin d'empêcher la dissolution des cadavres dans l'eau qui devait abreuver nos chantiers; nous avons eu encore à nous garantir d'une véritable infection à Port-Saïd. Le Nil chariant des milliers de cadavres les avait portés à la mer; là ils avaient été repris par le courant de la Méditerranée qui va de l'ouest à l'est, et les flots rejetaient chaque jour sur le rivage de Port-Saïd des masses en putréfaction qu'il fallait repousser à la mer. Pendant plusieurs mois, à Port-Saïd, le vent du large apportait de temps à autre des odeurs cadavéreuses; il n'y a donc pas lieu de s'étonner, en présence de cette cause d'insalubrité, que des cas de typhus et de fièvres typhoïdes se soient manifestés sur les chantiers de l'isthme; ce qu'il y a eu de surprenant, c'est qu'une atteinte aussi profonde portée à la salubrité n'ait pas eu des résultats plus fâcheux.

Alimentation. — La conséquence de cette épizootie a d'abord été le renchérissement de la viande, et par suite de toutes les denrées alimentaires ; plus d'un fellah n'a pas craint de manger des viandes provenant de bêtes mortes d'une maladie encore inconnue d'un autre côté, l'extension donnée à la culture du coton avait fait négliger la culture du maïs, principale nourriture du fellah ; de plus, l'inondation, par suite de la rupture des digues du fleuve, ayant détruit une quantité de champs de maïs , il en est résulté que la récolte a été peu abondante et que la disette s'est fait sentir ; le prix du blé a doublé, il a fallu en faire venir de l'étranger.

Le manque de viande par suite de l'épizootie, de denrées alimentaires par suite de la culture du coton et de l'inondation, n'a pas seulement atteint les fellahs, mais tout le monde, riches et pauvres ; le prix des denrées a triplé, quintuplé, souvent même elles ont manqué. Dans le désert, sur toute la ligne des travaux, la viande a quelquefois fait défaut, on a dû se nourrir de conserves. Malgré tous les efforts de la Compagnie, malgré la liberté du commerce, malgré les encouragements de toute nature, l'alimentation a été difficile. On ne pouvait se plaindre, on se trouvait dans les mêmes conditions qu'à Alexandrie, souvent même meilleures, car à Port-Saïd le poisson était en abondance, il arrivait de la viande de Jaffa ; à Kantara et à Ismaïlia on pouvait se procurer des bestiaux venant de Syrie ; la population étant moins nombreuse qu'à Alexandrie, il était plus facile de la nourrir ; seulement la nourriture était moins variée.

En résumé, l'alimentation dans l'isthme n'a pas été en apparence de qualité inférieure aux années antécédentes ; elle n'a été que difficile et d'un prix trop élevé. Comme qualité réelle des aliments, nous ne croyons pas qu'elle ait été semblable à celle des années précédentes ; de même pour l'eau, bien qu'elle soit en abondance, qu'au goût, à la saveur, et même à l'analyse chimique, elle ne présente rien de particulier, nous pensons cependant qu'elle a dû subir certaines modifications, par suite des quantités de matières animales qui avaient été jetées dans les canaux, et ceci, non-seulement pour l'isthme, mais dans toute l'Egypte. Aussi considérons-nous l'alimentation de cette année, par suite de l'épizootie, comme la cause principale du typhus et des fièvres typhiques qui se sont manifestés en Egypte et sur nos chantiers.

Typhus. — En présence d'une population abreuvée par une eau douteuse, mal nourrie, ou nourrie de viandes malades, privée souvent de son alimentation ordinaire, évidemment il devait se déclarer quelque maladie grave, et je n'ai pas été prophète en avertissant, dès les premiers jours de décembre, M. l'agent supérieur et M. le consul général de France de l'imminence d'une épidémie. La prédiction s'est malheureusement réalisée : dans le mois de décembre même, des cas de typhus se sont manifestés dans toute l'Egypte, et au Caire en particulier, où la maladie a pris un véritable caractère épidémique du 4 avril au 4 mai 1864, correspondant au mois arabe zilkadje ; la mortalité a été de 3,887 ; dans le même mois de l'année 1863, la mortalité était de 1,413.

Le typhus a sévi sur nos chantiers. L'influence épidémique s'est fait sentir dans la plupart des maladies et des indispositions ; beaucoup de malades de dyssenterie ou d'autres affections présentaient des symptômes typhiques. C'est ce qui a été remarqué dans presque toutes les localités de l'isthme, et surtout à Chalouf ; le typhus sur ce chantier a pris un caractère véritablement épidémique : il y a eu 252 cas et 37 morts ; ailleurs, il n'y a eu que des cas isolés ; à Ismaïlia, les cas ont été peu graves ; à Kantara il y a eu 10 cas, 1 mort ; à Port-Saïd, 5 cas et 1 mort.

Quelle est la nature de cette maladie ? Est-ce un véritable typhus comme celui des armées, des prisons, etc., contagieux, c'est-à-dire se communiquant par infection du malade à l'homme sain ? Je ne le crois pas ; ce que j'ai vu, les descriptions qui m'ont été données de la maladie par les médecins de la Compagnie, ce que j'ai observé sur la marche de cette affection et les causes qui l'ont produite m'ont donné la conviction que nous n'avions pas affaire au typhus des armées ou des prisons, dû à l'encombrement, à une mauvaise alimentation, mais à un typhus tout spécial, dont la cause gît seulement dans l'alimentation. Nous ne le croyons pas contagieux ; les faits qui ont eu lieu sur nos travaux et ailleurs viennent à l'appui de notre opinion. Aussi nous sommes entièrement rassurés sur la propagation de cette maladie.

Variole. — Parmi les causes exceptionnelles qui ont pu influer sur la santé des travailleurs nous citerons la variole, qui s'est manifestée cette année à Suez d'abord, puis au Caire, et ensuite dans différents points de l'Egypte ; elle a fait quelques victimes sur nos chantiers parmi les Arabes et les Grecs. Suez et le Caire ont été les deux localités où la maladie a sévi avec le plus d'intensité ; elle emportait presque tous ceux qui en étaient atteints; tandis que dans l'isthme ses attaques ont été assez bénignes.

Cette maladie avait pris naissance à Suez parmi des esclaves noirs importés de Djedda, 400 environ.

Telles sont les causes exceptionnelles qui, cette année, ont atteint les travailleurs de l'isthme ; élles ont eu une action bien marquée sur la santé, elles ont frappé certaines localités, le nombre des malades a été plus élevé, mais heureusement elles ont peu influé sur la mortalité en général.

CONCLUSION.

L'état sanitaire d'un pays se résume en définitive par le chiffre de la mortalité; il est la consécration de la santé et de la salubrité.

Nous avons donné pour chaque circonscription les résultats de la mortalité; on a vu combien les chiffres étaient différents, nous en avons dit la cause.

Considérant l'isthme dans son ensemble, et réunissant les chiffres de population et de mortalité des diverses circonscriptions, nous arrivons au résultat suivant :

Population européenne........... 3,524
Mortalité....................... 48
Proportion 0/0.................. 1.36 0/0
Population arabe des contingents, 15,300
Mortalité....................... 289
Proportion..................... 1.88 0/0
Population arabe sédentaire de Port Saïd et d'Ismaïlia................. 3,900
Mortalité....................... 65
Proportion..................... 1.64 0/0
Population totale de l'isthme..... 22,724

Mortalité générale............... 402
Proportion....,............,.... 1.76 0/0

La santé générale de l'isthme se trouve donc représentée par le chiffre de mortalité de 1.32 0/0 ; celui de la France est de 2.38 0/0.

Dans l'armée française, population jeune et choisie, la mortalité est de 1.94 0/0.

Dans l'isthme, le chiffre de la mortalité des travailleurs européens est de 1.36 0/0 ; l'année dernière il était de 1,40 0/0, il y a donc eu une amélioration dans la santé.

Quant à la mortalité chez les Arabes sur nos chantiers, bien qu'il soit difficile de l'établir comparativement avec celle de l'Egypte, on peut presque assurer que la mortalité chez les adultes dépasse 2.50 0/0. Or la mortalité parmi les contingents n'a été que de 1.88 0/0, et parmi les Arabes sédentaires de 1.64 0/0.

Nous pouvons donc affirmer que, malgré les circonstances fâcheuses où nous nous sommes trouvés, la santé dans l'isthme a été et est meilleure que dans le reste de l'Egypte et même qu'en France.

OUADY, ALEXANDRIE, CAIRE.

La conclusion que nous venons de donner indique d'une manière exacte quel est l'état de la santé des travailleurs dans l'isthme, quelle est la salubrité de nos établissements sur la ligne des canaux maritime et d'eau douce ; il nous reste à dire quelques mots sur l'Ouady, Alexandrie et le Caire, dont les conditions se trouvent différentes de celles que l'on rencontre dans l'isthme.

Ouady. — Cette magnifique propriété de la Com-

pagnie, de 10,000 hectares environ, contient une population de 11,000 âmes, partie fellahs ou Egyptiens, partie Arabes cultivateurs. Un médecin est
chargé de la santé des habitants et de veiller à la salubrité. En parlant de l'épizootie, j'ai dit les efforts
qui avaient été faits pour empêcher l'eau du canal
d'être empoisonnée par les cadavres des animaux
que l'on y jetait dans la partie supérieure ; lorsque
la maladie s'est déclarée dans l'Ouady, le chef du
service agricole, d'accord avec le médecin, a eu
assez d'influence pour faire enterrer tous les animaux ; aussi tandis que partout ailleurs l'épizootie a
enlevé la presque totalité des animaux, il en est
resté le quart environ dans l'Ouady.

Malgré toutes les précautions prises, l'Ouady n'a
pas été exempt de typhus et de fièvres typhoïdes,
les cas ont été isolés ; toutefois le nombre des victimes n'a pas influé sur le chiffre général de la mortalité. La population est de 11,000 individus, hommes, femmes et enfants ; les cheiks dressent un état
civil sous la direction du médecin ; la mortalité a été
de 287, soit 2.60 0/0.

D'après les renseignements les plus positifs, la
mortalité ordinaire dans les campagnes en Egypte
est de 3 0/0 au minimum. Cette année elle a
dû être supérieure par rapport au typhus et à la
mauvaise alimentation.

Pourquoi cette différence en faveur de l'Ouady ?
Faut-il l'attribuer à la position de la propriété en-
tourée par le désert, ou bien à l'état particulier dans
lequel se trouvent nos cultivateurs ? Il est certain
que depuis l'acquisition de la propriété par la Compagnie la salubrité et le bien-être ont fait un grand
progrès ; partout on veille à ce que la propreté

règne, à ce que les causes d'insalubrité disparaissent ; le régime des eaux mieux entendu et mieux compris, l'extension des cultures, ont eu pour résultat de faire disparaître les eaux croupissantes.

L'Ouady est un chifflik, ce qui a beaucoup d'analogie avec les anciennes terres seigneuriales de France ; tous les habitants sont fermiers de la Compagnie ; elle ne cultive rien, elle loue seulement les terres et à des conditions très-favorables. Nos cultivateurs sont assurés de jouir des fruits de leur travail. La Compagnie répond de ses fermiers pour l'impôt qu'elle paye directement. Cette sécurité, jointe à la richesse due à la culture du coton, qui a donné cette année environ 3 millions de francs de bénéfice à nos fermiers, a porté le bien-être des habitants de l'Ouady à un degré jusqu'alors inconnu ; aussi je considère la santé dont ils jouissent et le chiffre de la mortalité comme le résultat non-seulement de la position topographique, mais surtout comme la conséquence de la sécurité et du bien-être.

Quant aux Européens qui résident dans l'Ouady, leur santé est remarquable ; ils se portent là comme en France.

Alexandrie, Caire. — Je cite ces deux villes pour mémoire et comme complément du service de santé ; elles n'ont aucun rapport avec la santé des travailleurs dans l'isthme, si ce n'est comme lieu de convalescence. A Alexandrie et au Caire la Compagnie donne les soins médicaux aux employés des administrations qui y résident et aux malades que les médecins du désert y envoient, soit pour changer d'air, soit pour obtenir la guérison de certaines maladies, surtout des dyssenteries et des hépatites.

Nous avons obtenu d'excellents résultats ; l'hôpital européen d'Alexandrie, qui est fort bien organisé, nous est dans ce dernier cas d'un très-grand secours.

Je n'ai rien à dire sur la santé des employés qui résident dans ces deux villes ; ils subissent les conditions de ces résidences ; on ne peut donc en tirer aucune conséquence par rapport aux travaux, à la santé et à la salubrité dans l'isthme.

SERVICE.

Population dans l'isthme du 1er juin 1863, au 1er juin 1864...........................   22,724

Population du Ouady...............   11,000

Total....   33,724

Etendue du service :

L'Ouady et jusqu'à Ismaïlia.........   65 kil.

D'Ismaïlia à Port-Saïd...............   77

D'Ismaïlia à Suez...................   90

Total.........   232 kil.

Tel est le chiffre de la population et l'étendue des terrains que le service de santé doit surveiller sous le rapport de la santé et de la salubrité. Nous avons divisé, comme on l'a vu, cette superficie par circonscriptions d'après les groupes de population.

Le nombre des circonscriptions dans l'isthme est de huit, ayant chacune son service de santé organisé ; le personnel se compose de :

Docteurs en médecine...............   10

Aides-médecins.....................   5

Pharmaciens...................................... 3

Aides-pharmaciens...................... 4

Infirmiers européens................... 10

Econome comptable.................... 1

Sœurs, six, dont quatre pour le services des malades...................... 4

Cuisiniers.............................. 4

Total......... 41

Le service général se compose :

Du médecin en chef 1

D'un comptable....................... 1

Total....... 43

Ce personnel est fixe ; il y a en plus les servants
d'hôpital que l'on prend selon les besoins du service.

6,500 maladies ou indispositions graves ont été
traitées soit dans les maisons de santé, soit dans les
ambulances; soit à domicile; je ne parle pas des con-
sultations, le chiffre en est énorme. Je ne crois pas
qu'il y ait un individu, surtout parmi les Européens,
qui n'ait consulté le médecin de sa circonscription
plusieurs fois dans l'année; on ne se prive pas de
demander des avis, et avec raison. Les médecins se
sont mis à la discrétion de tous ; nous engageons
chacun à consulter le médecin aussitôt qu'il ressent
le moindre dérangement. Pour la santé publique
comme pour la santé particulière, nous partons de
ce principe : prévenir la maladie. Nous croyons que
cette facilité de consulter le médecin est la cause
principale du peu de maladies chez les Européens.

Malheureusement, chez les Egyptiens, il n'en est
pas de même, il faut qu'ils soient presque mourants
avant qu'ils aient recours au médecin; rarement ils

se présentent volontairement aux ambulances, il faut les apporter ; aussi la maladie chez eux est-elle toujours plus grave que chez les Européens.

Le service de santé a dépensé, dans l'année 1863, 321,000 francs; dans ce chiffre sont comprises différentes dépenses accessoires qui viennent grever le service. Ainsi on porte à notre budget : les moyens de transport pour les médecins, et autres objets ; les réparations de bâtiments, l'achat des tentes, les frais de sépulture, des frais généraux d'autres services, etc., etc.; on fait payer au service de santé les services qu'on lui rend, tandis qu'il donne les siens gratis, ce qui augmente de beaucoup la dépense réelle ; ce chiffre monte à 46,000 francs environ. La dépense réelle du service de santé n'est donc que de 275,000 francs.

Si l'on divisait ce chiffre par celui des maladies, on trouverait que chaque malade coûte à la Compagnie 40 fr. 30 c.; or, à Paris, dans les hôpitaux, un malade coûte à l'administration 79 fr. 95 c.

Avant de résumer ce rapport, permettez-moi, monsieur le président, de dire un mot sur le personnel du service de santé. Je ne vous parlerai pas de son activité, de son zèle et de son dévouement ; vous avez pu l'apprécier depuis longtemps : presque tous les médecins datent du commencement de votre entreprise, ils peuvent compter au nombre de vos plus fidèles compagnons ; hommes du devoir, je puis vous assurer qu'ils n'y failliront pas.

Je vous signalerai les services que nous rendent les sœurs du Bon-Pasteur, intallées à Port-Saïd. Pleines d'abnégation et de charité, ces dignes sœurs secondent de tous leurs efforts le service de santé par les soins délicats qu'elles savent prodiguer aux malades. La population de Pord-Saïd les apprécie et les aime.

RÉSUMÉ.

Des faits qui précèdent il résulte :

1° Que la santé dans l'isthme est meilleure qu'en France ;

2° Que la mortalité y est moindre;

3° Que le coût du malade dans l'isthme est inférieur à celui des hôpitaux de Paris.

Veuillez agréer, monsieur le président, l'assurance de mon entier dévouement.

Le médecin en chef de la Compagnie,

AUBERT-ROCHE.

PARIS. — IMPRIMERIE DE NAPOLÉON CHAIX ET Cⁱᵉ, RUE BERGÈRE, 20. — 5842